有趣的百科

小蜥蜴，你在哪里

沙漠

皇星漫画◎编著

中国纺织出版社

　　蜥蜴妈妈领着小蜥蜴在沙漠里走着，它们要到不远处的绿洲里找水喝。一二三、一二三，蜥蜴妈妈喊着口号，但是小蜥蜴总是不好好走路，这样下去，它们到天黑都走不到绿洲。

■ 地球上大约1/3的陆地都是干旱、半干旱的荒漠，而且每年以6万平方千米的速度扩大着。沙漠里的植物非常稀少，也很少下雨，到处都是沙丘或者盐滩，只有很少的生物能在沙漠里生存。

蜥蜴妈妈只好让小蜥蜴躲在一块大石头后面，那里比较凉快，没有毒辣的阳光。"哪儿也别去，就在这里等我。"蜥蜴妈妈叮嘱了好几遍，小蜥蜴也点了好几遍头，蜥蜴妈妈才独自朝绿洲走去。

蜥蜴妈妈刚离开小蜥蜴的视线，小蜥蜴就从石头后面跑出来了。趁妈妈不在，它可要四处玩一玩。沙漠上的沙子好烫呀，小蜥蜴越跑越快，很快就离那块大石头很远了。

■ 因为云量少、日照强，又缺少植物，沙漠的昼夜温差很大，白天气温上升得特别快，夜晚却非常寒冷，所以中国的沙漠地区有"早穿皮袄午穿纱，围着火炉吃西瓜"的俗语。

　　忽然，一阵狂风刮过，小蜥蜴什么都看不见了，它只觉得自己滚呀滚呀，也不知道被风吹出去多远。等到风停下来，小蜥蜴发现大石头不见了，它的旁边是一棵红柳树，小蜥蜴迷路了！

■　植物在沙漠里生存非常不容易，所以它们都有自己的办法。为了减少水分蒸发，梭梭的叶子退化得像鳞片一样裹在树枝上，仙人掌则把叶子变成了刺，径柳干脆就没有叶子，红柳树和胡杨却选择和风沙斗争到底。

这是哪儿啊？小蜥蜴急得快哭出来了。忽然，一只大耳狐从树后转了出来，它看见了小蜥蜴，于是笑眯眯地凑了过来："哦，小东西，找不到妈妈了吗？"它和蔼可亲地朝小蜥蜴招着手。

■ 尽管沙漠里看起来很荒凉，但是也有很多动物，比如鸵鸟、响尾蛇、角蝮蛇、沙蛇、眼镜蛇、唾蛇、蜥蜴、蝎子、跳鼠、骆驼等，它们都能耐得住沙漠里的干旱和炎热。
■ 大耳狐，长着两只硕大的耳朵。它们的大耳朵像雷达一样灵敏，可以捕获到猎物发出的细微声响。大耳狐通常喜欢吃蜥蜴、昆虫等。

　　小蜥蜴可不会上大耳狐的当，它听妈妈说过好多次，在外面遇到这种大耳朵的狐狸一定要躲得远远的，绝对不要相信它们的话！看到小蜥蜴不上当，大耳狐的嘴咧开了，露出了尖尖的牙齿。

就在大耳狐要扑过来的时候，一只蝎子忽然出现在它身后，它朝大耳狐亮出了尾巴上的钩子，差点就蜇到了大耳狐，大耳狐气坏了，它决定放过小蜥蜴，一定要吃掉眼前的蝎子。

■ 蝎子是肉食性动物，一般以蜘蛛、蟋蟀、小蜈蚣等昆虫的幼虫和若虫为食。猎取食物时，用触肢将猎物夹住，蝎尾举起来，弯向身体前方，用毒针刺。

趁着大耳狐去捉蝎子的时候，小蜥蜴赶快跑远了，它气喘吁吁地跑到了一片平坦的沙地上，刚想歇一会儿，却发现沙子上有奇怪的浅浅的沙坑，这是什么呀？小蜥蜴回忆着妈妈讲过的事情，不好，这是响尾蛇爬过的痕迹！

■ 响尾蛇，一种毒性很强的蛇，当遇到敌人或急剧活动时，迅速摆动尾部的尾环，每秒钟能摆动40～60次，能长时间发出响亮的声音，使敌人不敢上前。

　　小蜥蜴朝另一个方向拼命地跑去，直到累得实在跑不动了，它就从沙丘上面滚了下去。小蜥蜴撞到了一个小一点的沙丘才停了下来，于是它就靠在沙丘上喘着气。今天它真是累坏了。

■ 沙丘，是由风堆积的小丘。沙丘通常与风吹沙占据大片面积的沙漠地区有关。

这时，小蜥蜴身旁的沙丘忽然动了起来，把它吓了一跳，天啊，这座沙丘竟然站起来了，还抖落了很多沙子。小蜥蜴仰起头来仔细一看，原来，这是一只骆驼啊！

■　骆驼的耳朵里有毛，能阻挡风沙进入，它还有双重眼睑和浓密的长睫毛，可防止风沙进入眼睛，骆驼的鼻子还能自由关闭，它的脚掌特别适合在沙漠上行走，即使几天不吃不喝，骆驼也能靠驼峰里的脂肪活下来，所以它有"沙漠之舟"的美称。

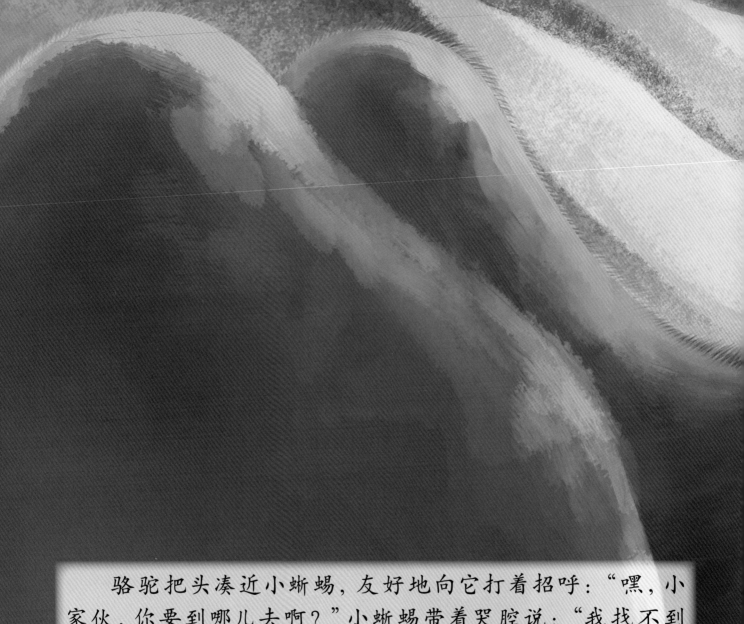

骆驼把头凑近小蜥蜴，友好地向它打着招呼："嘿，小家伙，你要到哪儿去啊？"小蜥蜴带着哭腔说："我找不到妈妈了，她去绿洲找水了。"骆驼慢悠悠地点着头："跟我走吧，淘气的小家伙。"

　　当骆驼带着小蜥蜴翻过沙丘的时候，他们的前方出现了绿洲的影子，小蜥蜴高兴坏啦，它朝着绿洲跑过去，可是等它跑到那里一看，绿洲不见了！骆驼哈哈笑了起来："小傻瓜，这是海市蜃楼啊，绿洲还没到呢！"

■　海市蜃楼是因为"光的折射"而形成的自然现象，经常出现在海面或沙漠上。太阳光在经过空气的时候产生了折射，把远处的城市、绿洲投射到人们的面前来，因此出现了海市蜃楼。

　　天快黑的时候，骆驼终于带着小蜥蜴找到了绿洲，小蜥蜴跑到湖边猛喝着水，绿洲的水真甜呀。这时它听到一个熟悉的声音在喊："小蜥蜴，你在哪儿？"是妈妈！小蜥蜴跑过去紧紧地抱住了蜥蜴妈妈："妈妈，妈妈，小蜥蜴在这儿啊！"

　　从此以后，小蜥蜴再也不乱跑了，听说它还成了沙漠里出名的学者呢！

沙漠

 谜一般的沙漠岩画

　　撒哈拉沙漠是世界上面积最大的沙漠，终年炎热干旱，自然条件极其严酷。但是，就在这片广袤无边的沙漠深处，竟然存在着数以万计的岩画。

　　这些岩画是用红色的氧化铁、白色的高岭土、赭色、绿色或蓝色的页岩等岩石磨成粉末，加水作颜料绘制而成的。

　　千百年来，颜料已经与岩壁融为一体，虽然历经风吹日晒，色彩却依然鲜艳夺目。撒哈拉岩画中出现了水牛、大象、鸵鸟、羚羊和长颈鹿的形象，甚至有人类划着独木舟捕捉河马的画面。

　　难道说，撒哈拉沙漠曾经有过水草丰美的湖泊和川流不息的江河？然而，历史已经被掩埋在黄沙深处，只有岩画在默默昭示着逝去的岁月。

　　究竟是谁在什么时候画出了这些岩画？他们为什么要画这些岩画？这一切已经成为一个谜，只能等待后人去揭开谜底。

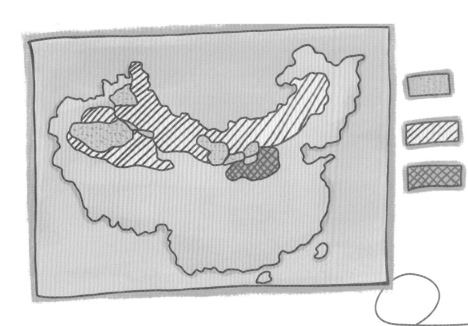 荒漠化

荒漠化是指原本植物覆盖的土地，由于过度开垦等原因，导致生态平衡被破坏，最后逐步变成不毛之地的环境退化过程。世界陆地面积为1.62亿平方千米，其中受荒漠化影响的土地已达3800万平方千米。因荒漠化而丧失的土地，每年都高达5~7平方千米，几乎每分钟都有11公顷的土地荒漠化。我国是一个土地荒漠化严重的国家，如果荒漠化得不到有效抑制，我们终将失去脚下赖以生存的土地。请保护好身边的环境，让荒漠远离我们的家园。

内 容 提 要

本书中，一只小蜥蜴在沙漠里和妈妈走散了，第一次离开妈妈的小蜥蜴能找到通往绿洲的路吗？它一路上遇到了很多危险，也认识了很多有趣的动植物。这个故事让我们明白，沙漠并不像想象中那样死寂，而是有着各种各样奇妙的生物在沙漠里生存。

图书在版编目（CIP）数据

小蜥蜴，你在哪里 ：沙漠 / 皇星漫画编著. -- 北京 ：中国纺织出版社，2013.1
（有趣的百科）
ISBN 978-7-5064-9302-4

Ⅰ．①小… Ⅱ．①皇… Ⅲ．①沙漠—动物—少儿读物 ②沙漠—植物—少儿读物 Ⅳ．①Q958.44-49②Q948.44-49

中国版本图书馆CIP数据核字（2012）第248185号

策划编辑：杜 慧　　责任编辑：曲小月　　责任印制：储志伟

中国纺织出版社出版发行
地址：北京东直门南大街6号　邮政编码：100027
邮购电话：010—64168110　传真：010—64168231
http://www.c-textilep.com
E-mail:faxing@c-textilep.com
北京千鹤印刷有限公司印刷　各地新华书店经销
2013年1月第1版第1次印刷
开本 889×1194　1/20　印张：1.75
字数：4千字　定价：12.80元